聪明的
孩子爱提问

斑马究竟是黑马还是白马？

[西班牙] 奥尔加·费兰·安德烈 | 著

[西班牙] 劳拉·阿比纽尔 | 绘　　杨子莹 | 译

中信出版集团 | 北京

图书在版编目（CIP）数据

斑马究竟是黑马还是白马？/（西）奥尔加·费兰·安德烈著；（西）劳拉·阿比纽尔绘；杨子莹译. -- 北京：中信出版社，2023.7
（聪明的孩子爱提问）
ISBN 978-7-5217-5699-9

Ⅰ.①斑… Ⅱ.①奥… ②劳… ③杨… Ⅲ.①野生动物 - 儿童读物 Ⅳ.① Q95-49

中国国家版本馆 CIP 数据核字（2023）第 077821 号

Original title: Los Superpreguntones para peques. Animales
© Illustrations: Laura Aviñó Gonzáles, 2016
© Larousse Editorial, S.L., 2016
Simplified Chinese translation copyright © 2023 by CITIC Press Corporation
ALL RIGHTS RESERVED

斑马究竟是黑马还是白马？
（聪明的孩子爱提问）

著　者：〔西班牙〕奥尔加·费兰·安德烈
绘　者：〔西班牙〕劳拉·阿比纽尔
译　者：杨子莹
出版发行：中信出版集团股份有限公司
　　　　　（北京市朝阳区东三环北路27号嘉铭中心　邮编　100020）
承　印　者：北京盛通印刷股份有限公司

开　本：720mm×970mm　1/16　　印　张：4　　字　数：50千字
版　次：2023年7月第1版　　印　次：2023年7月第1次印刷
京权图字：01-2023-0445
书　号：ISBN 978-7-5217-5699-9
定　价：79.00元（全5册）

出　品：中信儿童书店
图书策划：好奇岛
策划编辑：明立庆
责任编辑：李跃娜　　营　销：中信童书营销中心
封面设计：韩莹莹　　内文排版：王莹

目录

哪些动物算是
野生动物呢？

你知道吗？咱俩也算是野生动物呢!

天哪！野生动物？听起来多吓人啊!

有些动物**自由自在**地生活在大自然中，**以其他动物或植物为食**，它们都是野生动物。并不是所有的野生动物都体形庞大，看上去很危险的样子。像蚂蚁啦，燕子啦，沙丁鱼啦，也都是野生动物。你还能想到哪些野生动物呢？

野生动物们住在
哪里呢?

我们能在好多地方找到它们的踪影:河里、海底、山上、洞穴里、南极和北极地区、沙漠……可是,我们无法在一个地方找到所有的野生动物。每一种野生动物都有自己最喜欢的环境,对它们来说,那里气候适宜,景色优美。对于小老鼠们来说,陆地上任何一个角落都可能是它们的家。可是有的袋鼠呢,就只喜欢沙漠。

哎呀!我好像来错地方了!

臭鼬受到惊吓时
会怎么样？

如果看到一只臭鼬两只前爪着地，翘起尾巴，赶快紧紧捂住鼻子，离它远点儿！这种生活在美洲的动物，肛门附近长着腺体，能喷射出一种**难闻的液体**。它受到惊吓时，就会用这种方式保护自己，**赶跑敌人**。

你们想来点儿"香水"吗？

哪种动物的牙齿
最长呢？

获得冠军的有两种，一种来自陆地，一种来自海洋，它们分别是**非洲象**和**一角鲸**。非洲象的牙齿通常有1米多长，有的甚至能达到3米。一角鲸和非洲象一样，也是哺乳动物。一角鲸生活在北极地区冰冷的海水中，雄性有一颗长牙，长度能达到**3米**。

我的牙是最长的!

我的才是!

大草原上跑得最快的动物是谁呢？

当然是**猎豹**啦！猎豹是大草原上当之无愧的短跑冠军，最快速度能达到每小时110千米以上。它们动作**敏捷**，跑起来速度**极快**，就像高速公路上飞驰的汽车一样。

你不记得猎豹和乌龟赛跑的故事了吗？哎呀错了！应该是兔子和乌龟！

陆地上体重最重的
动物是谁呢？

我比你俩轻。我拥有魔鬼身材！

非洲象是陆地上最庞大的动物，也是最重的，雄性非洲象的体重可以达到7吨。排在第二位的是**亚洲象**。领奖台上的季军，也就是第三名是**犀牛**；排在犀牛后面的是河马。

地球上体形最庞大的哺乳动物是谁？最小的呢？

地球上最庞大的哺乳动物是**蓝鲸**，体重可以达到**150 吨**，相当于20多头非洲象的重量。地球上最小的哺乳动物是**鼩鼱**，最小的不到**2克**重。

我在这儿呢！我是鼩鼱，我是最小的！

什么动物身上长满了毛，会下蛋，还有像鸭子一样的嘴？

答案是鸭嘴兽。它是一种生活在澳大利亚的哺乳动物。鸭嘴兽非常特殊，它长着鸭子一样的嘴，像鸟儿那样下蛋，但宝宝吃妈妈的奶长大。

骆驼的驼峰里装的
是什么呢?

如果你认为双峰驼和单峰驼的**驼峰**里有水,那可就大错特错了。驼峰里储藏着大量**脂肪**,可以让骆驼在**不吃不喝**的情况下存活**好多天**。当骆驼找到一片绿洲并开始喝水时,它们可以一口气喝进去100多升水。

哎呀! 快要
没水喝了!

人类操的心可真够
多的!

起床时间到了。可是……还有多久才能再到睡觉时间呢？

哪种动物最爱睡觉？

当然是**树袋熊**（又称**考拉**）了，它们每天要花上18到20个小时睡觉。桉树既是它们睡觉的地方，也是它们的食物来源。树袋熊不是熊，而是一种更像袋鼠的动物，它们和袋鼠一样，身上也有"袋子"。树袋熊仅生活在澳大利亚。树袋熊并不是唯一一种爱睡觉的动物，**树懒、犰狳**大部分时间也在睡觉。

为什么有的动物会睡上一整个冬天?

拜拜! 几个月后再见啦!

呼……

有的动物会在冬天**冬眠**，也就是在巢穴里睡上**三到四个月**，一直等到天气暖和了再起床。在漫长的睡眠开始之前，它们会用树叶和树枝铺好床，这能帮它们**抵御寒冷**。此外，在冬眠前，它们还要吃好多好多东西，只有这样才能在接下来的几个月中存活下来。蝙蝠、刺猬等很多动物都会冬眠。

为什么有些动物喜欢
成群结队活动？

有些动物喜欢和自己的同类待在一起或一起行动，我们称它们为群居动物。当然啦，对于一些动物来说，和同类一起会更有**安全感**，也会让自己不容易成为捕食者的盘中餐；而对于另外一些动物来说，成群结队会让它们更容易**抓到猎物**，比如狮子、狼和海豚等。

动作快点儿！最慢的总是你们俩！

袋鼠妈妈在哪里
养育宝宝？

袋鼠宝宝刚出生时非常弱小，没法保护自己。于是，袋鼠妈妈就把它放进自己**肚子上的袋子里**。这个袋子是由袋鼠的皮构成的，所以袋鼠宝宝能紧贴着妈妈的身体，在**温暖**的环境中长大，而且什么时候想**喝奶**都可以喝到，因为妈妈的乳头也长在袋子里。

哪些动物生活在地球上
最冷的地方？

有些**企鹅**生活在寒冷的南极洲。这些企鹅能抵抗住南极洲冬天零下60℃的低温。为了**抵御严寒**，它们会彼此**挤在一起**。待在中间的企鹅会感到更温暖一些，当然，它们会与外围的企鹅轮流享受中间的位置。

待在中间可真暖和啊！

啊啊啊！待在外面太冷了！

食蚁兽每天能吃掉
多少只蚂蚁?

我吃了33748只蚂蚁。你呢?

33746、
33747、
33748……

哎呀! 忘了数到几了! 我得从头数起了。

实际上,没有一只食蚁兽数过自己到底吞下了多少只蚂蚁,但根据生物学家的计算,生活在南美洲的大食蚁兽每天可以吞掉3万多只蚂蚁,真是相当多啊! 食蚁兽们每天不是忙着把舌头伸进蚂蚁洞,就是忙着把舌头拔出来。

大熊猫每天需花多长时间进食？

大熊猫每天吃东西的时间可长达**十几个小时**。**竹子**是大熊猫最喜欢的食物，但是非常难消化，而且提供的能量也很少，所以大熊猫每天要花费很长时间吃**很多很多**竹子。大象也很贪吃，它们每天大概花16个小时吃东西。

喂，吃快点吧。照这个速度，今天的早饭能一直吃到明早！

19

所有小动物刚出生时都长得像它们的爸爸妈妈吗？

你的眼睛长得像妈妈，嘴巴长得像爸爸。

不是的。有的宝宝和它们的爸爸妈妈一点儿都不像。比如青蛙的宝宝蝌蚪。它们出生在水中，从很小的卵里出来，随着不断长大外观会发生变化，长出四条腿，尾巴消失，变成爸爸妈妈的样子。

在陡峭的岩石上跳跃，西班牙羱羊会头晕吗？

当然不会。西班牙羱羊生活在山区，整日**在岩石之间跳跃**。就算小羱羊爬到悬崖峭壁，它们的妈妈也不会太担心，因为小羱羊的**蹄子**可以很好地抓住岩石。

放心吧，妈妈。
我没问题的。

站稳了，
别摔下来。

我要在这儿再待一会儿，
里面挺舒服的。

毛毛虫如何
变成蝴蝶？

蝴蝶在长大的过程中外观也有很大变化。毛毛虫是蝴蝶的幼虫，长着很多腿。毛毛虫需要吃很多东西才能不断长大，最后变成熟。在变成蝴蝶之前的一段时间里，它们会被包裹在一个柔软但坚韧的茧中。从茧中出来的那一刻，毛毛虫就变成了蝴蝶。

总算自由了。
我之前多么想
出来啊！

豪猪身上长的是什么？
有什么用处？

慢着，慢着。这家伙浑身都是刺。

豪猪是一种背上长满**长刺**的动物，这些长刺可以起到**自我保护**的作用。想吃豪猪的动物不敢轻易靠近它们，因为这些长刺非常尖锐，一旦被刺伤，伤口很容易感染。

动物的犄角是什么材质的?

我的犄角更特别。

我的才更有个性。

并不是所有动物的犄角都是一样的。有些是动物的骨头,
比如鹿角。鹿初生的犄角上面还会有一层非常细腻柔软的
茸毛,质感就像天鹅绒一样。其他一些动物,比如犀牛,
它的犄角就不是骨头,而是和我们的指甲一样的角蛋白,
但犄角比我们的指甲硬多了。

丛林中的哪种动物会发出
很大的声音？

美洲丛林中声音最大的动物是**吼猴**。它们成群结队地生活在树上。雄性吼猴的**叫声非常响亮**，声音大到在几千米之外都能听到。

啊……

北极地区天气那么冷, 北极熊为什么还要守在 冰洞旁呢?

我在这边呢!

冰面上经常有一些洞,海豹会从这些洞探出头来呼吸。海豹是北极熊最喜欢的**食物**之一,所以北极熊会等在洞旁,海豹一出现,北极熊就把它抓住并吃掉。幸运的是,北极熊的**脂肪**和**毛皮**非常厚,可以很好地帮它抵御寒冷。

斑马到底是长着黑条纹的白马，还是长着白条纹的黑马呢？

斑马是一种生活在非洲大草原上的动物。它们的**黑色皮肤**上长着**白色条纹**，据说这是为了在高高的草丛中**自我掩护**，让狮子等天敌摸不着头脑。是不是很有趣？

那是斑马
还是草?

大象的长鼻子
有什么用？

好啊。我来给坑填满水。

我们来堆个沙堡吧？

大象可以用它们的长鼻子**做好多事**：追求伴侣，像用吸管一样**吸水**，像用铲子一样铲土，照顾年幼的孩子，抓起**食物**送到嘴里，和其他大象**打架**，或者发出巨大的吼声。

伊比利亚猞猁快要
灭绝了吗?

是的,也就是说,野生伊比利亚猞猁的数量已经**非常少**了,雄性猞猁甚至很难找到伴侣,也就很难繁殖后代。为了不让它们彻底消失,人类决定保护好它们赖以生存的**自然环境**,并且为它们建立**保护区**。

太遗憾了。要是我们的同伴多点儿,就能一块儿玩游戏了。

动物的犄角有什么用？

不同动物的犄角有不同的用处。有的动物可以用犄角挑出树上的几根树枝，或从树林里挑出某些植物。有些动物的犄角能起到自我保护的作用，因为犄角可以成为它们的战斗武器，使天敌不敢靠近。雄性动物还会用犄角来证明自己是最强大的，以此来追求雌性动物。

多健美的犄角啊！

给圣诞老人拉雪橇的
动物是谁？

和圣诞老人做伴的动物是**驯鹿**。当然啦，圣诞老人的驯鹿是有魔力的，因为它们可以飞很远很远的距离。现在我们来说说野生驯鹿。它们生活在**地球北部的寒冷地区**，身上那层又厚又长的毛正是用来保暖的。驯鹿经常一大群一大群地生活在一起，而且每年都会进行长途迁徙。

水母为什么会蜇人？

这是它们保护自己的一种方式。水母的触手上分布着大量**刺细胞**，刺细胞内含有**毒素**，一旦接触人体，皮肤会感到**刺痛**。如果你在沙滩上看到一只水母，最好不要碰它。

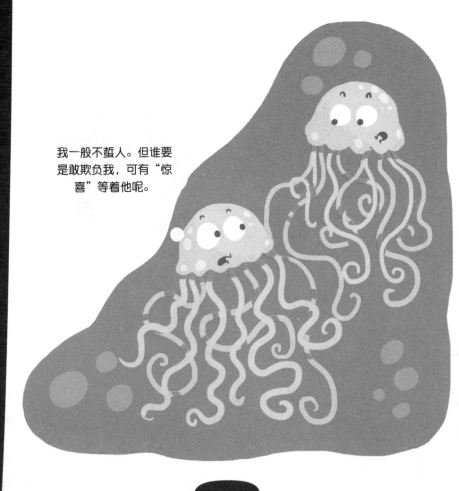

我一般不蜇人。但谁要是敢欺负我，可有"惊喜"等着他呢。

为什么有些鲨鱼
一直在游泳？

有些鲨鱼即使在睡觉时也无法停止游泳，这是因为它们动
起来才能**呼吸**。富含**氧气**的水从鲨鱼的口中进入，到达
鳃部，也就是鲨鱼用来呼吸的器官。鲨鱼如果不动了，
就不会有新的空气进入口中，就会被憋死。

我有点儿晕
了。你想停下
来歇会儿吗？

我倒是想，但
我做不到。

有特别大的鱿鱼吗?

有，**大王酸浆鱿**就可以长到非常大。它们生活在很深的海底，但有时还是会被渔民的网捕捞到。人类有史以来捕捞到的最大的鱿鱼**长达20多米**。而且人们相信，还有比这更大的鱿鱼，它们在一些捕食者身上留下的痕迹就是证明。

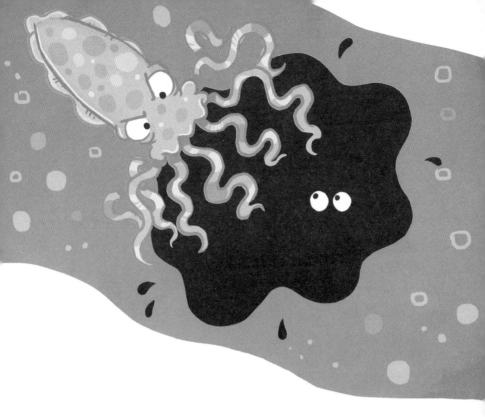

乌贼和鱿鱼为什么会喷墨？

你看到过躲在烟幕后面的魔术师吗？其实乌贼、鱿鱼和他们差不多。它们觉得别的动物**威胁**到自己时，就会喷出一股黑色墨水，这些墨水可以将周围的海水染黑，而且墨水有毒，可以麻痹捕食者。捕食者被迷惑住了，乌贼和鱿鱼就**趁机逃跑了**。

变色龙为什么会变色？

变色龙的皮肤会变成和周围的**岩石**或**树叶**等一样的颜色，它们变换颜色是为了**自我保护**，不被敌人发现。变色龙也会在其他情况下变色，比如生气时或追求雌性变色龙时。

鲸鱼会唱歌吗？

会，但是和我们人类唱歌的方式不一样。鲸鱼在水下发出的声音像唱歌一样。它们可以通过歌声和同伴交流。每种类型的鲸鱼唱歌的方式都不一样，所以它们能够分辨出哪些是同类，哪些不是。与在空气中相比，声音在水中的传播速度更快，这样能更快地传播到远方。

动物会感受到冷吗？

动物会感受到冷，也会感受到热，但它们的**皮肤**或**羽毛**等可以时刻**保护**它们。此外，有些动物会找一个温暖的地区过冬，到了夏天再换到凉快的地区；而有些动物在冬天时更喜欢躲起来睡觉。

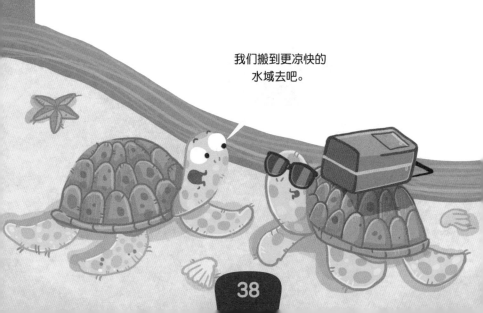

我们搬到更凉快的
水域去吧。

38

河狸的巢穴是什么样的？

河狸的巢穴就像一座**宫殿**一样。它是由**树枝**和**树干**做成的，有水下出入口、食物储藏室、卧室和带通风孔的干燥区域，干净的空气可以通过通风孔进入巢穴。每个巢穴里住着一个**河狸家庭**，包括爸爸妈妈和许多个孩子。

鱼在水中是怎么呼吸的?

鱼主要通过鳃来呼吸。大多数鱼的鳃长在头的两侧，可以帮它们从水中获取氧气，并将产生的二氧化碳排出体外。

我要到水面去呼吸点儿新鲜空气。

在水下呼吸，对我们来说再正常不过了。

40

鲸吃什么？

有些鲸，比如虎鲸，是有**牙齿**的，它们能吃鱼、鱿鱼、海豹、海狮；如果可能的话，还能吃某些鲨鱼。另一些鲸则没有牙齿，比如蓝鲸，它们能吃的动物就要小很多了，比如**磷虾**——一种成群结队在水中游动的**浮游动物**。

走吧，伙伴们。让我们到鲸鱼的肚子里探索一下吧！

为什么河豚有时看起来像气球一样?

妈妈! 我能玩那个球吗?

当河豚受到惊吓想要**保护自己**时, 会让自己**膨胀**起来, 直到变成一个很大的球。为了达到这种效果, 河豚会吞进好多水和空气, 从而使腹部膨胀, 在膨胀时身上的**小刺**也会竖起来。值得注意的是, 河豚有毒哟!

海豚是鱼吗？

不是。海豚虽然是一种有鳍的动物，而且也生活在海里，但它和蓝鲸一样，都是哺乳动物。海豚不产卵，小海豚是从妈妈的肚子里出生的。它们需要食物的时候，会通过妈妈的乳头吃奶。

奶尝起来会是什么味道呢？

海龟是怎么找到回家的路的？

海龟总是知道怎么回到自己出生的那片海滩，因为它们体内有一种"**指南针**"，可以帮它们在大海中辨认方向。地球就像一块巨大的磁铁，而海龟知道自己的**出生地**，并能够依靠体内的"指南针"朝着出生地进发。

我觉得我们
快到了！

鱼是怎么让自己
变干净的？

一些小鱼（比如**裂唇鱼**）和一些**小虾**是真正的清洁大师，也是大海中的牙医。当一条大鱼注意到自己的嘴里很脏时，就会游到珊瑚礁区，然后张开嘴。这里的小鱼小虾——这些勇敢而不知疲倦的清洁工们，会把大鱼嘴里的寄生生物吃掉，让大鱼的牙齿洁净得闪闪发光。

啊——

你将拥有一口崭新的牙齿！

45

所有会飞的动物
都是鸟类吗？

不是的。有的动物不是鸟类，但也会飞，比如**蝙蝠**；还有的动物虽然不会飞，但能从一棵树**滑翔**到另一棵树上，比如某些**蛇**、**蜥蜴**和**飞鼠**。但最令人感到惊奇的是**飞鱼**，它们跳出水面，挥动着身上的鳍，能在空中滑翔百米远。

多奇怪的鸟啊!

那恐怕不是鸟。

哪种鸟飞得最快？

当然是**游隼**啦。游隼是一种猛禽，它在飞行过程中，为了捕捉到下方的猎物，可以从很高的地方突然**俯冲**下来。游隼捕猎时的速度几乎和赛车一样快。

我们快跑，不然就要被那只游隼吞进肚子了！

哪种动物下的蛋最大？

当然是**驼鸟**啦。驼鸟也是现存的鸟类中体形最大的。一个驼鸟蛋有**20个鸡蛋**那么大。想象一下，用一个驼鸟蛋能摊出多大一张蛋饼来啊！

我又要多一个弟弟了吗？

鸵鸟真的会把头藏进沙子里吗？

不会。有些鸵鸟在遇到危险时，会**把头贴到地面上**，而不是埋进沙子里。这样一来，从远处看，鸵鸟的身体就更像一棵小树，敌人也就很难发现它们。而且把头贴在地面上也能帮助它们听到更远处的声音，有利于尽早避开危险。

这样我看起来就像一棵灌木了。

49

胡兀鹫为什么又叫 "摔碎骨头的鸟"？

这种猛禽主要以死去动物的**骨头**为食。它们会把一块骨头直接吃进去，但是当骨头太大无法吞咽时，胡兀鹫就会把这块骨头**抓起来**，飞到空中，然后让骨头**落到岩石**上，摔成一小块一小块的再吃。

小心！那块骨头直接冲我们来了！

猫头鹰在晚上是怎么捕猎的？

猫头鹰的**听觉**极其灵敏，**视觉**也非常敏锐，这可以帮它们在光线很弱的情况下捕猎。某些种类的猫头鹰**羽毛**很特殊，所以它们飞行时不会发出声音。这样，猫头鹰的猎物就听不到它们靠近的声音，也就来不及逃跑了。

鸟儿为什么要筑巢？

这也太高了！

别担心，我们很快就会学着飞到地上了。

鸟儿筑巢是为了**孵蛋**，也是为了**照顾自己的宝宝**。有的巢筑在树枝之间，有的筑在地上，有的则筑在岩石的洞中或在树干里……但不是所有的鸟都会筑巢，比如帝企鹅就会直接把蛋放在脚上孵化，用自己的身体为宝宝抵御寒冷。

鸟儿为什么要孵蛋?

鸟儿孵蛋是为了让蛋保持**温暖**，因为它的**宝宝**正在蛋里面发育着呢。通常情况下，由鸟妈妈来负责孵蛋，但在有些鸟类中，鸟爸爸也会承担起孵蛋的职责，让发育着的宝宝能够保持温暖。

好累啊！还得
多长时间啊!

蝙蝠是怎么在黑暗中飞行的？

蝙蝠能发出一种人耳听不到的**超声波**，这种超声波碰到障碍物后能反弹回去，让蝙蝠听到。蝙蝠就是靠**回声定位**来寻找食物的。利用回声定位，它们可以知道哪里有树枝，哪里没有。即使天再黑，它们也能辨别方向，不会撞到障碍物。

所有的鸟儿都有优美的歌喉吗？

鸟儿的歌声听上去各不相同。我们一般会更喜欢听朱顶雀、夜莺和金丝雀唱歌，而不那么喜欢喜鹊的歌声。你知道吗，鸟儿唱歌有下面几个目的：**吸引雌性**，宣布某块**领地**是自己的，或者警告同伴们要有**危险**了。

为什么鸟儿的嘴长得千奇百怪？

鸟类用嘴（喙）来**吃东西**，它们以什么为食，会决定它们的嘴长成什么形状。以**种子**为食的鸟，嘴长得又短又硬；猛禽的嘴长得很锋利，形状像钩子一样；蜂鸟以**花蜜**为食，所以它的嘴长得又长又尖，形状像管子一样。

花蜜一定很好吃!
我也想尝尝，可是
我的嘴够不到!

你的嘴是用来
吃种子的!

有动物能像跳伞运动员一样
从高处往下跳吗？

有，飞鼠就能。虽然叫飞鼠，但它们并不会真正的飞，只能从一棵树滑翔到另一棵树上。飞鼠的前后腿之间覆盖着皮褶，称为飞膜，是专门用来滑翔的，于是飞鼠就能像风筝一样飞起来啦。你知道翼装飞行员是怎么滑翔的吗？他们穿的跳伞服就是照着飞鼠的飞膜设计的！

鹦鹉会说话吗？

会，但是和人说话的方式不一样。鹦鹉有一种叫**鸣管**的发声器，和人类的声带相似，可以发出声音。于是，它们听到人说的话后，就能进行**模仿**……但是，能模仿我们说话的动物可不单单有鹦鹉一种，**乌鸦**虽然模仿人说话的本领不像鹦鹉那样强，但也能模仿几个词。

肉丸子!

你说什么？

如果在地上发现一只小鸟，我们能做点儿什么？

首先，我们需要看看它的爸爸妈妈在不在附近。但如果小鸟正处在**危险**之中，我们应该把它捡起来，然后把它放到树枝上，或者别的**安全**的地方，反正不要让汽车之类的轧到它。如果过了一会儿，它的爸爸妈妈还是没有找到它，我们最好带它去**动物保护中心**，让那里的叔叔阿姨好好照顾它。

为什么一群鸟儿有时候会在 天上飞成一个巨大的V字形?

有些鸟儿为了更好地生育和养活自己的宝宝,需要找到一个**气候**更合适的地方生活,为此它们得飞上**很远**的距离。在飞行的过程中,它们可能会一个挨着一个,排成一个大大的V字形,据说这样飞起来会更省力。

大家加把劲儿!我们很快就要到南方了,那里会暖和得多。